Fabrício dos Santos Cirino

Níveis de mercúrio total em amostras de compartimentos ambientais

AF153141

Fabrício dos Santos Cirino

Níveis de mercúrio total em amostras de compartimentos ambientais

Uma investigação na região estuarina de Santos e São Vicente / SP

Novas Edições Acadêmicas

Impressum / Impressão
Bibliografische Information der Deutschen Nationalbibliothek: Die Deutsche Nationalbibliothek verzeichnet diese Publikation in der Deutschen Nationalbibliografie; detaillierte bibliografische Daten sind im Internet über http://dnb.d-nb.de abrufbar.
Alle in diesem Buch genannten Marken und Produktnamen unterliegen warenzeichen-, marken- oder patentrechtlichem Schutz bzw. sind Warenzeichen oder eingetragene Warenzeichen der jeweiligen Inhaber. Die Wiedergabe von Marken, Produktnamen, Gebrauchsnamen, Handelsnamen, Warenbezeichnungen u.s.w. in diesem Werk berechtigt auch ohne besondere Kennzeichnung nicht zu der Annahme, dass solche Namen im Sinne der Warenzeichen- und Markenschutzgesetzgebung als frei zu betrachten wären und daher von jedermann benutzt werden dürften.

Informação biográfica publicada por Deutsche Nationalbibliothek: Nationalbibliothek numera essa publicação em Deutsche Nationalbibliografie; dados biográficos detalhados estão disponíveis na Internet: http://dnb.d-nb.de.
Os outros nomes de marcas e produtos citados neste livro estão sujeitos à marca registrada ou a proteção de patentes e são marcas comerciais registradas dos seus respectivos proprietários. O uso dos nomes de marcas, nome de produto, nomes comuns, nome comerciais, descrições de produtos, etc. Inclusive sem uma marca particular nestas publicações, de forma alguma deve interpretar-se no sentido de que estes nomes possam ser considerados ilimitados em matérias de marcas e legislação de proteção de marcas e, portanto, ser utilizadas por qualquer pessoa.

Coverbild / Imagem da capa: www.ingimage.com

Verlag / Editora:
Novas Edições Acadêmicas
ist ein Imprint der / é uma marca de
OmniScriptum GmbH & Co. KG
Heinrich-Böcking-Str. 6-8, 66121 Saarbrücken, Deutschland / Niemcy
Email / Correio eletrônico: info@nea-edicoes.com

Herstellung: siehe letzte Seite /
Publicado: veja a última página
ISBN: 978-3-639-68071-3

EPÍGRAFE

"O aspecto mais triste da vida de hoje é que a ciência ganha em conhecimento mais rapidamente que a sociedade em sabedoria."

Isaac Asimov

DEDICATÓRIA

Ao término deste passo na minha carreira acadêmica, não posso deixar de dedicar todo este meu trabalho a pessoas como: minha esposa Mariana, meus filhos Rafael e Fabiana, além de minha mãe, Pedrina, e meu pai, Eloi.

A participação da minha esposa, através de sua compreensão e desprendimento do seu tempo, para tranquilizar-me e incentivar-me nesta jornada, com certeza, fez com que nosso laço de amor se estreitasse. Passei realmente a acreditar que somente muito amor pode transpor algumas eventuais preocupações e barreiras cotidianas.

Que todos os finais de semana, feriados e folgas que passei elaborando este trabalho, possam servir para trazer mais felicidade para minha família, pois com certeza eles me ajudaram muito a realizar este sonho.

E finalmente, a colaboração que recebi de meu pai e mãe, possa ser retribuída através de meu amor, pois foi em momentos que precisei ficar sozinho e introspectivo para elaboração desta dissertação, que eles mais apareceram como seres de luz que fazem minha vida ser tão especial.

Amo vocês!!!

AGRADECIMENTOS

Agradeço a Deus pela saúde e capacidade de estudar, em uma área de Meio Ambiente, capaz de trazer benefícios para a população.

Agradeço a Universidade Católica de Santos pela bolsa de estudos que me possibilitou alcançar degraus tão preciosos na minha carreira acadêmica.

Agradeço ao meu orientador Dr. Luiz Paulo Geraldo, capaz de surpreender-me pelo seu raciocínio e praticidade ao trabalhar em grupo.

Agradeço ao IPECI em nome do professor Willy Bajer pela possibilidade de utilização de toda instrumentação e apoio técnico-científico em meu benefício.

Agradeço os alunos de iniciação científica que tiveram a oportunidade de atuar nesta linha de pesquisa, preparando algumas amostras e participando de nossas discussões.

Agradeço a todos que cruzaram minha vida desde a graduação, pois de alguma forma, seja pelo incentivo ou pelo desprezo, com certeza proporcionaram a motivação de fazer o melhor para o futuro.

Obrigado a todos!!!

RESUMO

CIRINO, F.S.; GERALDO, L.P.. Investigação dos níveis de mercúrio total em amostras de solos, sedimentos e águas da região estuarina de Santos e São Vicente, SP. 2009. 45f. Dissertação (mestrado em Saúde Coletiva – Meio Ambiente e Saúde) – Universidade Católica de Santos, Santos, 2009.

Nas últimas décadas, indústrias químicas, petroquímicas, siderúrgicas e de fertilizantes, instaladas no pólo industrial do município de Cubatão, têm contribuído para o aumento dos teores de metais pesados nos diversos tipos de compartimentos ambientais da região. O presente trabalho teve como objetivo principal determinar os teores de mercúrio (Hg) total em amostras de solos, sedimentos e águas da região do estuário de Santos e São Vicente, empregando a técnica de espectrometria por absorção atômica com gerador de hidretos metálicos a frio. Para validação do método foi utilizada uma amostra certificada de sedimentos fornecida pela International Atomic Energy Agency (IAEA-405). Os resultados obtidos neste trabalho para os teores de Hg variaram entre $0,0333 - 1,28$ µg/L em águas, $0,0499 - 0,399$ mg/Kg em solos e $0,050 - 3,33$ mg/Kg em sedimentos. Estes resultados foram comparados com outros valores divulgados na literatura para amostras similares coletadas em diferentes localidades. Considerando os valores limites estabelecidos pelos órgãos oficiais em um total de 42 amostras analisadas, apenas 6 destas apresentaram teores de Hg acima dos limites máximos recomendados.

Palavras-chave: mercúrio, contaminação ambiental, espectrometria por absorção atômica, estuário de Santos e São Vicente.

4

ÍNDICE

LISTA DE FIGURAS

INTRODUÇÃO

A destruição da natureza e a deterioração das condições ambientais são dois dos mais graves desafios com que o homem se defronta nos dias de hoje. O progresso tecnológico é muitas vezes acusado como responsável pelo esgotamento dos recursos naturais, pela poluição e pelo abastardamento do ambiente. Os conhecimentos científicos da ecologia são ignorados à vista de vantagens imediatistas e em detrimento das condições ambientais futuras. Isso já vem sendo feito há muito tempo e as conseqüências desastrosas já são de nosso conhecimento (CUNHA, A.B., 1976).

Poluição é um conjunto das alterações que o homem introduz no ecossistema ocasionando desequilíbrio ou que conduzem a situações de novos equilíbrios, diferentes do que existiam anteriormente. Poluentes são os agentes que causam estas alterações (FERRI, M.G., 1976).

A poluição do meio ambiente por metais pesados e outros elementos químicos tóxicos, em conseqüência dos rejeitos industriais e outras atividades antrópicas, tem alterado significativamente o ciclo natural de permanência destes elementos nos diversos tipos de compartimentos ambientais. Em certas condições ambientais, metais pesados podem passar por um processo de acumulação, até atingirem níveis considerados tóxicos e assim causarem danos ecológicos severos nas áreas afetadas (KAREDEDE, H.; ÜNLÜ, E. 2000).

Neste século, com o rápido aumento da produção e do uso do mercúrio, este deixou de representar um risco potencial apenas para o trabalhador das minas de onde é extraído e das indústrias onde é empregado, mas passou a se constituir em um risco potencial a todos os seres vivos por estar presente também nas águas, sedimentos, solos, lares, escolas, cidades e alimentos (AZEVEDO, F.A., 2003).

O município de Cubatão, que surgiu como um ponto de ligação entre as trilhas que vinham do alto da Serra do Mar e as vias aquáticas que iam para São Vicente, Santos e a outros países através do Porto de Santos, teve na sua caracterização geomórfica o fator decisivo para implantação do maior pólo industrial da América Latina, pois se encontrava num vale entre montanhas, com riqueza de lenha e água, além de estar protegida contra bombardeios no auge da Guerra Fria e da Segunda Guerra Mundial. E com isso, houve uma forte corrente migratória de trabalhadores para Cubatão em função da disponibilidade de muitos empregos com poucas exigências técnicas nas obras civis de instalação das indústrias (CUBATÃO 2020, 2006).

Nas últimas décadas, indústrias químicas, petroquímicas, siderúrgicas e de fertilizantes, instaladas no pólo industrial de Cubatão, têm contribuído para o aumento dos teores de metais pesados nos solos, sedimentos e águas da região estuarina de Santos e São Vicente (LUIZ-SILVA, W. et al, 2006). De especial interesse para este trabalho foi o conhecimento da distribuição espacial do mercúrio nesta região em virtude das atividades humanas e/ou geoquímicas, a fim de avaliar o nível de toxicidade e potencial de bioconcentração existente para os seres vivos.

A ideia de desenvolvimento econômico a qualquer custo teve seu apogeu na década de 70, refletida pela posição do Brasil na Conferência de Estocolmo, que priorizava a captação de grandes indústrias sem a preocupação com os danos ambientais que ocorreriam no futuro. Isso coincidiu com o endurecimento das políticas ambientais ocorridas na Europa e Estados Unidos.

Atualmente há muita discussão sobre a expansão industrial na região de Cubatão, pois os órgãos competentes exigem um longo tempo para análise dos aspectos ambientais dos projetos, o que faz com que novos investidores prefiram se estabelecer em outros municípios. Entretanto, Cubatão conta ainda com 25 grandes indústrias (CUBATÃO 2020, 2006), que contribuem diariamente para o aumento da concentração de metais pesados na região.

Muito do mercúrio descartado no ambiente pelas atividades antrópicas certamente está se incorporando aos ciclos geoquímicos e às cadeias tróficas,

8

aumentando suas concentrações nos ecossistemas e passando a representar um risco para flora, fauna e o próprio homem. Portanto, é necessário não só conhecermos o nível de risco a que estamos expostos, mas também, identificar todas as atividades emissoras de mercúrio no ambiente. Não podemos esquecer que o homem pertence a níveis tróficos superiores e pode ser um dos organismos mais afetados pela contaminação das cadeias alimentares por mercúrio (AZEVEDO, F.A., 2003).

Ecologia é uma palavra derivada do grego *oikos* que significa casa e *logos* que significa estudo. Assim, a Ecologia é o termo que se usa à área que se dedica ao estudo do habitat dos seres vivos. Em verdade, é a ciência que se dedica ao estudo entre os seres vivos e o ambiente em que vivem (FERRI, M.G., 1976). Uma vez que a ecologia se ocupa especialmente da biologia de grupos de organismos e de processos funcionais na terra, no mar e na água doce, está mais em harmonia com a moderna tendência em definir a ecologia como o estudo da estrutura e do funcionamento da natureza, considerando que a humanidade é uma parte dela (ODUM, E.P., 2004).

O mercúrio ocorre normalmente, em pequenas concentrações, nos quatro compartimentos principais da natureza: hidrosfera, litosfera, atmosfera e biosfera. Entre esses compartimentos há um contínuo fluxo de mercúrio. Raramente é encontrado como elemento livre na natureza, estando amplamente distribuído, em baixas concentrações, por toda a crosta terrestre. Porém, o mais preocupante é o fato de que o mercúrio acumulado, em decorrência das atividades antropogênicas, continuará presente por muitos anos, e assim, os efeitos nocivos associados a essa acumulação também se estenderá por anos (AZEVEDO, F.A., 2003).

A palavra estuário vem do latim *aestus*, que significa maré, e refere-se a áreas de desaguadouro de rios ou uma baía onde a salinidade é intermediária entre a do mar e a da água doce. É um importante regulador físico, cuja ação das marés, promove uma rápida circulação dos nutrientes e ajuda na rápida remoção de produtos inaproveitáveis pelo metabolismo dos seres vivos (ODUM, E.P., 1975).

Já em relação à água, este autor revela que um grande volume circula entre a natureza e a sociedade altamente industrializada através dos rios, chuvas e, em muitos lugares a rotatividade é tão rápida que o tempo que a água fica na natureza não é suficientemente longo para permitir que vários resíduos químicos se decomponham antes de chegarem ao consumo humano. Pelo fato do mercúrio não ser degradável, o seu monitoramento neste compartimento se faz também necessário para avaliar se a população está sendo exposta a contaminação por este metal.

Objetivo geral

Esta pesquisa tem como objetivo principal determinar os teores de mercúrio total em amostras de solos, sedimentos e águas da região do estuário de Santos e São Vicente, utilizando a técnica de espectrometria por absorção atômica com gerador de hidretos metálicos à frio. Produzir um banco de dados que futuramente possibilite avaliar se os níveis de mercúrio encontrados podem ocasionar algum tipo de agravo à saúde da população local.

Este estudo faz parte de um projeto patrocinado pelo Conselho Nacional de Pesquisa e Desenvolvimento (Processo CNPq 402663/2005-5) intitulado: Estudo Epidemiológico na População Residente na Baixada Santista – Estuário de Santos: Avaliação de Indicadores de Efeito e de Exposição a Contaminantes Ambientais.

Objetivos específicos

a) Verificar os locais onde os níveis de mercúrio recomendados por agências de saúde para solos, águas e sedimentos foram ultrapassados;

b) Realizar um estudo comparativo entre os resultados obtidos neste trabalho com dados divulgados na literatura para outras localidades tanto do Brasil como de outros países;

c) Investigar as possíveis origens de contaminação, considerando tanto a ação geogênica (natural) como a antropogênica (atividade humana);

d) Desenvolver metodologias específicas de análise para águas, sedimentos e solos, utilizando a técnica de espectrometria por absorção atômica com gerador de hidretos metálicos à frio (MHS-10).

1. REVISÃO BIBLIOGRÁFICA SOBRE O MERCÚRIO

1.1. Ocorrência no meio ambiente e ciclo biogeoquímico

A maior fonte de mercúrio (Hg) é a liberação natural pela crosta terrestre, incluindo áreas de solos, rios e oceanos, e chega a ser estimada como sendo da ordem de 25.000 até 150.000 toneladas por ano. Embora já em 1973 as fontes antropogênicas chegassem a contribuir com uma carga estimada de 8.000 a 10.000 toneladas por ano, a fonte predominante ainda é a não-antropogênica (CASARETT AND DOULL'S, 1991).

A produção mundial de mercúrio é estimada em 10.000 toneladas por ano para uso nas mais diversas áreas como indústrias, mineração e odontologia, sendo os principais produtores o Canadá, a Rússia e a Espanha (CARMO, D.A., 2003).

Com o aumento da população e a necessidade do aumento do consumo de energia, o mercúrio está se transformando em um potencial risco de contaminação, como comprovou Feng & Qiu (2008), em trabalho realizado na China, na província de Ghizhou. Nesta província, a emissão de mercúrio no ecossistema chega a ser de 55,5 toneladas por ano com a queima de carvão como combustível na área industrial. Este mercúrio chega até a população, principalmente, através da cadeia alimentar, destacando as hortaliças cultivadas com água contaminada e os peixes.

Há dois ciclos de transporte e distribuição do mercúrio no ambiente: um global e o outro local ou antropogênico. O ciclo global é um processo de troca ar-mar crucial no ciclo biogeoquímico do mercúrio. O ciclo de alcance local compreende a evaporação do mercúrio pela desgaseificação da crosta terrestre (incluindo áreas de terras e de água como rios e oceanos), a circulação atmosférica de seus vapores e sua precipitação com as chuvas, retornando ao solo e às águas. O ciclo local é favorecido pelas ações do homem no descarte de mercúrio, alterando o ciclo global e aumentando a concentração deste elemento nos diversos compartimentos (AZEVEDO, F.A., 2003).

Fontes antropogênicas de emissão de Hg no ar podem também estar relacionadas à produção de cimento e de ligas do metal. As contaminações da água estão associadas a operações de refino de metais, lixo doméstico e industrial e, principalmente, as indústrias de cloro-álcali. Admite-se que locais onde são armazenados dejetos associados à atividade industrial e ao descarte de lixo, apresentem maiores teores de mercúrio enquanto as descargas difusas geralmente estão associadas com a queima de combustíveis contendo este metal como impureza. O descarte inadequado de mercúrio industrial aumenta seus níveis na água e na atmosfera (NASCIMENTO, E.S.; CHASIN, A.A.M., 2001).

Nos garimpos, o mercúrio é usado por possuir a propriedade de formar uma amálgama ou complexo químico com o ouro. Assim, ao ser adicionado à lama, agrega-se ao ouro existente, facilitando a sua extração e depois, através de aquecimento com maçarico evapora-se o mercúrio, isolando-se o ouro. Neste processo, o garimpeiro contamina o ambiente pelo vapor tóxico do mercúrio. Este metal entrará no ciclo biológico quando, nas águas dos rios, tiver contato com bactérias que o transforma em metilmercúrio, ou dimetilmercúrio, se espalhando pela cadeia alimentar (CANTO, E.L., 2004).

São vários os mercuriais usados em formulações farmacêuticas, entre eles os sais à base de nitrato, iodeto, cloreto, cianeto, sulfato, tiocianato, brometo, acetato, e já perfazem cerca de 200 produtos registrados nos EUA. São usados, principalmente, como conservantes de soluções nasais, oftálmicas, vacinas e produtos injetáveis. As concentrações normalmente encontradas são da ordem de 0,01% como timerosal e 0,002% como acetato de fenilmercúrico (NASCIMENTO, E.S.; CHASIN, A.A.M.; 2001).

Segundo dados de Lacerda et al (2007), a emissão média de mercúrio na atmosfera brasileira relativa aos anos entre 1998 – 2002, teve a contribuição de 25,2% através das indústrias de cloro-soda e 17,8% relativo a indústria de aço e ferro, ou seja, totalizando 43% ou 29 toneladas por ano na emissão de mercúrio, em áreas industriais, como a da região do presente estudo.

Como pode ser visto na Figura 1, o campo de utilização do mercúrio é bastante amplo, estando presente em diversas áreas que podem ocasionar contaminações ocupacionais ou do meio ambiente.

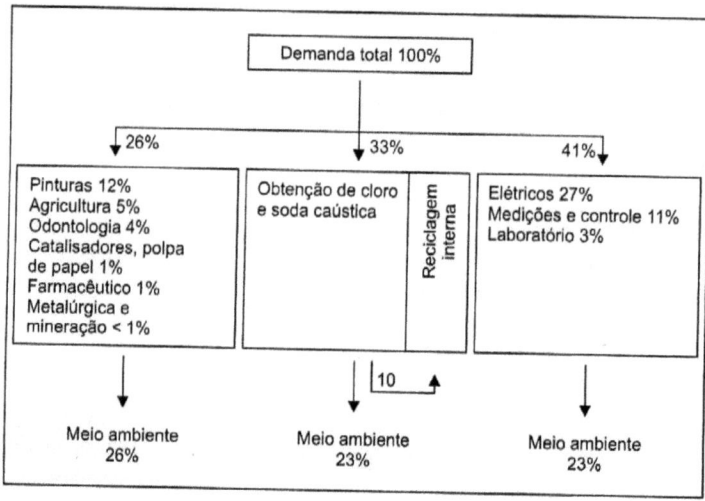

Figura 1: Diagrama representativo dos usos do mercúrio e estimativas de seu lançamento no ambiente.

(*Fonte:* Modificado de Tena, 1981 in: AZEVEDO, 2003.)

1.2. Propriedades físico-químicas do mercúrio

O mercúrio é o único metal líquido existente na natureza, conhecido desde a antiguidade como *hydrargyrum*, ou "prata líquida", sendo que a partir deste nome recebeu o símbolo químico de Hg. É um metal pesado, inodoro, e que pode ser encontrado em dois estados de oxidação, além de se apresentar na forma inorgânica ou orgânica (NASCIMENTO, E.S.; CHASIN, A.A.M., 2001).

Além do estado elementar (Hg^0), ele pode ocorrer em duas formas oxidadas: íon mercuroso (Hg_2^{+2}) e o íon mercúrico (Hg^{+2}), constituindo vários sais inorgânicos, ou ainda dar origem aos mercúrios orgânicos, os quais requerem mais atenção, pois a ligação carbono-mercúrio é quimicamente estável o que leva a um aumento da absorção deste metal pelos organismos vivos (AZEVEDO, F.A., 2003).

Este metal possui ponto de fusão de -39°C e ponto de ebulição de 357°C. Na temperatura ambiente, evapora muito lentamente, contaminando plantas e animais geralmente pela respiração ou cadeia alimentar (CANTO, E.L., 2004).

O vapor do Hg elementar é considerado insolúvel em temperaturas baixas, mas a temperatura ambiente e em água não oxigenada, sua solubilidade passa a ser de 20µg/L. Na presença de oxigênio, oxida-se rapidamente para a forma iônica Hg^{+2} e passa a ter concentrações tão altas quanto 40µg/L (AZEVEDO, F.A., 2003).

A sua baixa eletronegatividade, característica química de todos os metais, propicia uma perda de seus elétrons da última camada eletrônica de forma bastante facilitada, gerando as respectivas formas iônicas, o que eleva o poder de dissolução e toxicidade do mercúrio.

1.3. Metilmercúrio

O metilmercúrio é a mais importante forma química do Hg em termos de toxicidade e de efeitos adversos na saúde, em uma eventual exposição ambiental. Muitos dos efeitos produzidos pelas pequenas cadeias deste alquil são exclusivos entre as formas tóxicas de mercúrio (CASARETT AND DOULL'S, 1991). A formação deste organometálico é dada pela união do Hg a um ou dois átomos de carbono, por meio de uma ligação covalente, para formar moléculas do tipo R-Hg-X e R-Hg-R', onde R e R' representam os grupamentos orgânicos. O radical R pode ser

15

um resíduo alquil, aril ou alcoxialquil e o X um ânion dissociável, orgânico ou inorgânico (AZEVEDO, F.A., 2003).

A maior fonte poluidora de metilmercúrio são os dejetos industriais lançados nos sedimentos de rios e lagos (NASCIMENTO, E.S.; CHASIN, A.A.M., 2001). Porém, os mesmos ainda podem ser produzidos pela metilação do Hg no intestino, no muco e limo dos peixes, nos lodos de esgoto, no intestino de ratos e de humanos, e através de certos microrganismos do solo (QUEIROZ, I.R. 1995 apud NASCIMENTO, E.S.; CHASIN, A.A.M., 2001).

Por constituir um metal, cuja eletronegatividade é menor do que esta força em um carbono, locais onde a contaminação ambiental por mercúrio é prevalente, e que simultaneamente, não há o tratamento de dejetos humanos e saneamento básico, há uma tendência maior deste grupo orgânico comportar-se como uma base e atacar átomos de mercúrio como forma reacional, o que contribui para o mascaramento deste contaminante no ambiente, assim como para a elevação de sua toxicidade, afetando ainda mais a população exposta.

1.4. Toxicologia

Nenhum outro metal ilustra melhor a diversidade de efeitos nos seres vivos causados por diferentes espécies químicas do que o Hg (CASARETT AND DOULL'S, 1991). Um exemplo clássico que se fundamenta na contaminação por Hg é o do Chapeleiro Louco, de *Alice no país das maravilhas*, de Lewis Carroll, pois era comum o emprego de compostos de Hg no processamento do feltro utilizado na fabricação de chapéus. O envenenamento dos usuários pelo metal acarretava agravos à saúde que incluíam sintomas os quais se confundiam com a loucura (CANTO, E.L., 2004).

As diferentes espécies de mercúrio possuem características físico-químicas diferentes, e com isso, tem aspectos como absorção, distribuição, biotransformação, armazenamento e eliminação diferenciados para cada um deles, porém, as vias de introdução deste contaminante no corpo humano são sempre as mesmas: via respiratória, trato gastrointestinal e pele. Os coeficientes de partição é que fazem com que os diferentes tipos de apresentação do Hg tenham afinidades diferentes pelas vias de contato com indivíduos expostos (AZEVEDO, F.A., 2003).

O mercúrio tem uma enorme afinidade pelo sistema nervoso central e, seus efeitos, conhecidos como "Síndrome de Minamata", são muito intensos nos casos de intoxicação aguda como, por exemplo:

a) A conhecida "síndrome astênica vegetativa", onde deve ser identificado, pelo menos três dos seguintes sintomas – tremores, aumento da tireóide, aumento da produção de hormônio da tireóide, pulso lábil, taquicardia, gengivite, alterações hematológicas, aumento da excreção de mercúrio na urina;

b) Diarréia com sangue;

c) Cólicas abdominais severas;

d) Necrose de epitélio, acompanhada de alterações de membranas de ribossomos, retículos endoplasmáticos, mitocôndrias e outras organelas celulares;

e) Paratesia, com entorpecimento e sensações de formigamento nas extremidades de mãos e pés;

f) Ataxia, com dificuldades de trabalhar as articulações, levando a uma forma de movimento desorganizado;

g) Neurastenia, seguida de sensações de fraqueza, fadiga e falta de concentração;

h) Perda da visão e audição;

i) Coma e até a morte (CASARETT AND DOULL'S, 1991).

O mercúrio é a terceira substância química mais perigosa para a Saúde Coletiva de acordo com a última lista da Agência de Substâncias Tóxicas e Registro de Doenças (ATSDR) de 2007. Este relatório indica algumas sintomatologias por contaminação crônica, como por exemplo:

17

a) No sistema respiratório: falta de ar, levando a aumento de força de inalação; broncopneumonia e edema alveolar.

b) No sistema cardiovascular: taquicardia; hipertensão arterial; alterações de eletrocardiograma causados por hipercalemia; miocardite; outros sintomas que podem ser justificados pela liberação de norepinefrina nas terminações nervosas pré-sinápticas.

c) No sistema gastrointestinal: poucos sintomas são observados, mas como é uma das principais vias de absorção, dependendo da forma do Hg em que o organismo é exposto, pode-se apresentar fadiga, tremor das mãos, irritabilidade e perda de memória, acompanhados de um leve desconforto abdominal, e irritação do tecido e mucosa estomacal; ulceração após dois anos de exposição; conglomerados de mercúrio podem se depositar no fundo do estômago e do cólon ascendente, que podem ser expelidos em duas semanas após a interrupção da exposição.

d) Efeitos hematológicos: apesar da atividade normal da medula óssea, pode-se verificar trombocitopenia; há decréscimo de níveis de hemoglobina, eritrócitos e hematócritos, além de um decréscimo significativo de proteína sérica e cálcio.

e) Efeitos no músculo esquelético: degeneração do músculo esquelético; desequilíbrio eletrolítico por perda de potássio.

f) Efeitos hepáticos: aumento da peroxidação lipídica hepática; decréscimo da glutation peroxidase.

g) Efeitos renais: o aumento da excreção de albumina e β2-microglobulina é indicativo de patologia por mercúrio tubular e glomerular; em combinação com um nível muito elevado de creatina fosfoquinase, indicou que rabdomiólise pode ter contribuído para a insuficiência renal; aumento do número de células epiteliais na urina; degeneração de células epiteliais tubulares e nefropatia renal mínima, com túbulos dilatados ou achatadas no citoplasma; focos de túbulos basofílicos epiteliais, descamação, fibrose e inflamação no córtex renal.

h) Efeitos endócrinos: disfunção da tiróide; aumento significante de corticosterona no plasma.

i) Efeitos dermatológicos: rubor acompanhado de coceira, inchaço e descamação.

j) No sistema reprodutor: alterações no sistema reprodutivo, com dano espermático, malformações e interrupções da gestação.

1.5. Níveis tolerados de mercúrio nos diferentes compartimentos ambientais

Os monitoramentos e o controle de contaminação na região do Estuário de Santos e São Vicente, assim como em todo o Estado de São Paulo é realizado pela CETESB - Companhia de Tecnologia de Saneamento Ambiental, que possui a missão de promover a melhoria e garantir a qualidade do Meio Ambiente no Estado, visando o desenvolvimento social e econômico sustentável.

A CETESB segue padrões da legislação canadense para limites de concentração de mercúrio em sedimentos denominados como *Threshold Effect Level* (TEL) e *Probable Effect Level* (PEL). O TEL representa o nível limiar de efeito adverso, cujo valor para o mercúrio é de 0,13 ppm. Abaixo deste valor não é comprovada a relação com efeitos adversos, e consequentemente, acima dele, já passam a existir correlações positivas de efeitos na saúde humana. O PEL representa o nível provável de efeito adverso, cujo valor para o mercúrio é de 0,70 ppm, ou seja, acima deste valor é comprovada a existência de efeitos adversos em indivíduos expostos (HORTELLANI, M.A. et al, 2008). Estes valores estão muito próximos daqueles estabelecidos pela legislação americana e representados pelo intervalo de valor mínimo de 0,15 ppm (equivalente a TEL) e valor máximo de 0,71 ppm (equivalente a PEL).

19

Em 2005, a CETESB publicou uma decisão de valores orientadores de Hg para solos e águas subterrâneas, onde além dos limites acima estabelecidos, ela recomenda para solos um valor de referência de qualidade de 0,05 ppm e de prevenção 0,5 ppm. Estes valores servem como alerta para identificar áreas contaminadas ou que necessitem de remediação.

Para águas, os limites seguem a legislação do CONAMA – Conselho Nacional do Meio Ambiente n° 20, de 18 de junho de 1986, e CONAMA n° 357, de 17 de março de 2005, que estabelecem um valor de 0,0002 mg Hg/L (ou 0,2 μg/L) como uma concentração máxima desta substância tóxica. A CETESB utiliza este valor para classificação de águas contaminadas, mas tem empregado o valor de 0,001 mg Hg/L para padrões de potabilidade, conforme estabelece a Portaria n° 1469 do Ministério da Saúde, de 29 de dezembro de 2000.

A USEPA – United States Environmental Protection Agency, através do Critério de Qualidade de Águas Ambientais para Mercúrio, estabelece um limite crônico de 1,2 μg Hg/L para efeitos adversos.

Como não se tem conhecimento dos valores máximos em solos e sedimentos, recomendados pela legislação brasileira, neste estudo como em vários outros trabalhos divulgados na literatura, foi utilizado os limites estabelecidos por MacDonald, D.D. et al (2000), que desenvolveram um consenso de valores de substâncias tóxicas para sedimentos e solos a partir de seis diferentes conceitos de tolerância mundial. O consenso foi classificado também em duas categorias: Threshold Effect Concentration (TEC) e Probable Effect Concentration (PEC), cujos valores determinados foram 0,18 ppm e 1,06 ppm, respectivamente.

2. ESPECTROSCOPIA DE ABSORÇÃO ATÔMICA

A espectroscopia de absorção atômica é correntemente um dos métodos atômicos mais empregados para determinação de Hg em razão de sua simplicidade, alta eficiência e custo relativamente baixo (SKOOG et al, 2007).

A determinação dos teores de Hg neste trabalho foi realizada empregando um espectrômetro de absorção atômica Perking Elmer modelo Aanalyst 100, em conjunto com um gerador de hidretos metálicos MHS-10, como visto na Figura 2.

O princípio básico da espectroscopia de absorção atômica é que um número muito maior de átomos do metal na fase gasosa sofre excitação, ou seja, não permanece no estado fundamental quando absorve radiação eletromagnética com um comprimento de onda característico (VOGEL, 2002).

Figura 2: Foto ilustrativa do espectrômetro de absorção atômica, juntamente com o gerador de hidretos metálicos, utilizado neste trabalho.

A fonte de radiação mais usual para a espectroscopia de absorção atômica é a lâmpada de cátodo oco, que consiste de um ânodo de tungstênio e um cátodo cilíndrico selado em um tubo de vidro, contendo um gás inerte, como o argônio, a pressão de 1 a 5 Torr. O catodo é fabricado com o metal do analito e serve de suporte para o recobrimento desse metal (SKOOG et al, 2007).

Aplicando-se uma diferença de potencial em torno de 300 V através dos eletrodos produz-se a ionização do argônio e a geração de uma corrente de 5 a 10 mA quando os cátions e os elétrons migram para os eletrodos. Se o potencial for suficientemente alto, os cátions de argônio se chocam com o catodo com energia suficiente para desalojar alguns átomos do metal, e assim, produzir uma nuvem de átomos excitados que emitem radiação eletromagnética com comprimentos de onda característicos quando retornam ao estado fundamental (SKOOG et al, 2007).

A quantidade de radiação absorvida pelos átomos neutros no estado fundamental do elemento a ser analisado, os quais são produzidos no nebulizador-queimador, é proporcional à quantidade total de átomos, e que por sua vez, é proporcional a concentração do elemento na solução distribuída na chama. A quantidade absorvida é medida pela diferença entre o sinal transmitido na presença e na ausência do elemento a ser determinado (CIENFUEGOS, F., 2000).

No caso do mercúrio, a atomização é feita a frio por meio do sistema MHS-10, mostrado a esquerda no espectrômetro na figura 2. Este equipamento funciona acoplado ao espectrômetro, contendo um líquido oxidante (solução de borohidreto de sódio), capaz de provocar uma reação rápida de oxidação e redução, transformando a amostra em fase gasosa, capaz de sofrer a ação da radiação emitida pela lâmpada, na cápsula de vidro.

3. MÉTODO EXPERIMENTAL

3.1. Mapa da região amostrada

Os locais de coleta das amostras fazem parte do estuário de Santos e São Vicente, onde há a presença de vários rios que desaguam na baía de Santos. A região foi escolhida tomando como base os resultados divulgados no relatório da CETESB - Sistema Estuarino de Santos e São Vicente (2001). Este trabalho foi realizado para avaliar a contaminação das águas, sedimentos e organismos aquáticos do sistema estuarino de Santos e São Vicente e da Baía de Santos bem como, relacioná-las com as fontes potenciais de poluentes existentes na região. Constam neste relatório detalhes sobre as fontes de emissão, os poluentes emitidos e as áreas contaminadas. Os pontos de coleta foram escolhidos de forma a se obter uma distribuição espacial que conseguisse incluir praticamente toda esta região de interesse.

O estuário de Santos e São Vicente está localizado no litoral sudeste do Estado de São Paulo, ao longo da Baixada Santista envolvendo os municípios de Santos, Guarujá, Cubatão, São Vicente, Praia Grande e o Canal de Bertioga. O município de Santos encontra-se próximo à Serra do Mar, localizado a 68 km de São Paulo. Ocupa uma área de 271 km², dos quais 39,4 km² correspondem à região insular e 231,6 km² à área continental. Seus limites são: ao norte, com Santo André, Mogi das Cruzes e Salesópolis; ao sul, o Oceano Atlântico e a Ilha de Santo Amaro; a leste, Bertioga; e a oeste, Cubatão e São Vicente. O canal de Bertioga, conhecido também como Rio Bertioga, tem 30 quilômetros de extensão e ainda hoje é o responsável pela economia informal da Cidade.

Na Ilha de Santo Amaro encontra-se o município de Guarujá com uma área de aproximadamente 137 km². É a terceira maior ilha do litoral do Estado de São Paulo e faz limite ao norte, com o Canal de Bertioga, que separam Santos e Guarujá, a oeste, com o canal do estuário de Santos e ao sul e a leste, com o Oceano Atlântico.

Situado na zona de contato da borda escarpada do Planalto Atlântico com a Planície Litorânea (Baixada Santista), o município de Cubatão, distante aproximadamente 60 km da Capital Paulista, possui entre 8 a 9 km de largura. Dos seus 160 km^2 de área, apenas 18% são planícies, sendo o restante composto por serras, morros e manguezais.

O município de São Vicente localiza-se entre os municípios de Santos, Cubatão e Praia Grande, tendo ao sul o Oceano Atlântico e possui uma área de 148,4 km^2.

O município de Praia Grande possui uma área equivalente a 145 km^2 e faz limite com o município de São Vicente, Mongaguá e com o Oceano Atlântico.

No mapa, ilustrado na Figura 3, é apresentada a região estuarina de Santos e São Vicente e os locais onde foram realizadas as amostragens nos diferentes compartimentos avaliados. Pode-se observar que em alguns casos não foi possível fazer coleta em todos os compartimentos num mesmo ponto, porém, procurou-se manter uma distribuição aproximadamente igualitária em torno da região.

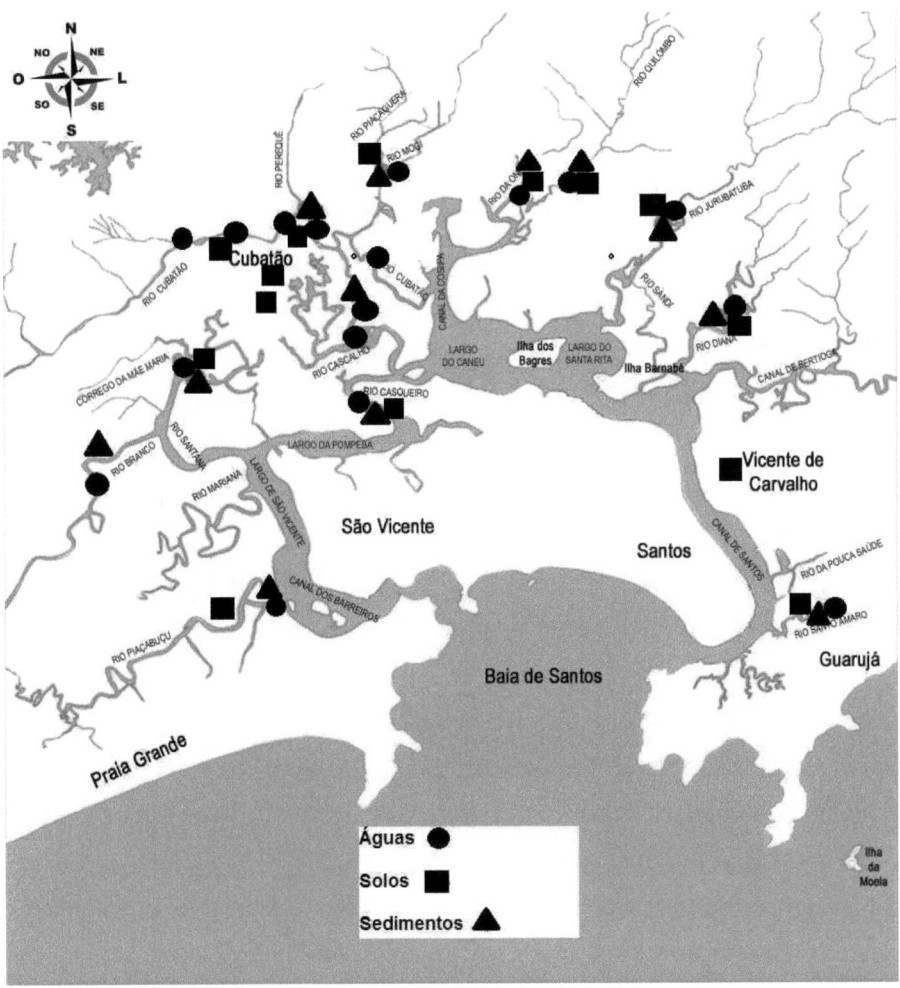

Figura 3: Mapa da Região Estuarina de Santos e São Vicente onde estão indicados os pontos de amostragem.

3.2. Coleta das amostras

3.2.1. Águas

As amostras de águas foram coletadas no período de estiagem (inverno até o início da primavera) entre 2007 e 2009, em diversos rios da região, esperando obter amostras menos diluídas e com menor interferência de águas que não fazem parte da localidade. As amostras foram retiradas a uma profundidade em torno de 0,50m da superfície, utilizando recipientes de polietileno com capacidade de 1L, previamente limpos com solução de ácido nítrico 2M. As amostras foram acidificadas no momento da coleta com 2mL de ácido nítrico concentrado de alta pureza a fim de se evitar possíveis perdas por adsorção nas paredes dos recipientes (QUEVAUVILLER et al, 1995).

3.2.2. Solos e sedimentos

Os sedimentos foram coletados nos mesmos locais das águas utilizando uma draga comum que alcançasse o fundo do rio, confeccionada em aço carbono, ou colher de aço-inox para locais de baixa profundidade. A composição desta draga e da colher empregada para coleta da amostra de solos torna-se relevante para que não tenhamos contaminação cruzada da amostra por resíduos ou fragmentos metálicos oriundos da degradação ou oxidação de outros tipos de materiais metálicos.

Os solos de superfícies (até 10cm de profundidade) foram amostrados também com colher de aço-inox, em pontos próximos aos dos sedimentos, porém em um raio de aproximadamente 100m da margem do rio, descaracterizando a formação sedimentar. Em casos de regiões aterradas, as coletas eram realizadas através de escavação até que o mesmo obtivesse característica de solo, podendo ter profundidade maior do que a relatada acima. Imediatamente após as coletas os sedimentos e solos foram armazenados em recipientes plásticos, previamente lavados com ácido nítrico 2M. Todas as amostras foram mantidas no laboratório em baixas temperaturas (em torno de 4°C) até o momento da análise (QUEVAUVILLER et al, 1995).

3.3. Preparo das amostras

3.3.1. Águas

Para a realização das medidas experimentais, um volume em torno de 150mL foi retirado de cada amostra de água e evaporado, de forma lenta e contínua em um bloco digestor a uma temperatura em torno de 80°C. Ao atingir um volume da ordem de 100mL foram acrescentados 5mL de ácido nítrico (HNO_3) P.A. e a digestão ácida se processou até que se obteve um volume de amostra em torno de 10mL. Em seguida, este resíduo líquido foi filtrado (papel filtro – Vetec) e transferido a um balão volumétrico onde foi feita a diluição até a marca de 25mL utilizando água deionizada e destilada. No final adicionou-se 2,5 gotas de permanganato de potássio ($KMnO_4$) a 3% para estabilizar a amostra.

3.3.2. Solos e sedimentos

No caso dos solos e sedimentos, o material coletado, com massa de aproximadamente 500g, passou inicialmente por um processo de secagem em estufa a uma temperatura em torno de 50°C. Posteriormente a amostra seca foi triturada, homogeneizada e quarteada manualmente. Retirou-se uma alíquota em torno de 100g de cada amostra, submetendo-a a uma moagem e peneiramento para separação da fração silte-argila (grãos menores que 63μm). O processo de triagem em peneira de malha de 63μm garante a separação dos grãos silicatos. De acordo com Luiz-Silva, W. et al (2002), a fração de grãos menores que 63μm tende a concentrar mais os metais pesados.

Para o preparo da solução a ser analisada, foi utilizada a metodologia adotada por Luiz-Silva, W. et al (2002) e Hortellani, M.A. et al (2005), onde uma alíquota de aproximadamente 0,5g da amostra seca foi pesada em uma balança analítica digital marca QUIMIS (± 0,0001g). Em um frasco de vidro apropriado esta alíquota foi digerida em 5mL de água-régia (1 HNO_3 : 3 HCl) a quente utilizando um bloco digestor, mantendo o bécker sempre tampado por um vidro relógio. O processo iniciou-se em 50°C e lentamente aumentou-se a temperatura até aproximadamente 90°C, permanecendo nestas condições por um período de tempo em torno de 2,5 horas, ou até quase a secagem completa da amostra, tomando o devido cuidado para não queimar a amostra. O resíduo líquido resultante foi então retirado do bloco digestor, filtrado em papel filtro (Whatman cat. n°. 1001042) e transferido para um balão volumétrico de 25mL onde foi feita a diluição até o menisco, utilizando-se água deionizada e destilada. Adicionou-se também 2,5 gotas de $KMnO_4$ (3%) para estabilizar a amostra.

3.4. Preparo dos padrões

As soluções padrões usadas para a calibração da instrumentação foram preparadas a partir de uma solução-padrão estoque de Hg 1,000mg/g (1000 ± 0,4% ppm) da Qhemis – High Purity, rastreada pela NIST, o Instituto Nacional de Padrões e Tecnologia dos Estados Unidos da América. Com esta solução foi confeccionada uma seqüência de padrões de calibração com as seguintes concentrações: 1,0 x 10^{-5} g Hg/L, 2,0 x 10^{-5} g Hg/L e 4,0 x 10^{-5} g Hg/L, além de uma solução de checagem do equipamento com concentração igual a 2,5 x 10^{-5} g Hg/L.

Para a diminuição dos erros sistemáticos, foi realizado o preparo das soluções padrões com diluições sucessivas a partir de uma solução-mãe da seguinte forma: realizou-se a pesagem de 1mL da solução original padrão (1000 ppm) e em seguida fez-se a diluição em balão volumétrico para 100mL, obtendo uma solução com uma concentração em torno de 1,0 x10^{-2} g Hg/L. Tomou-se 10mL desta solução e diluiu-se até 100mL em balão volumétrico, obtendo-se assim a solução-mãe com uma concentração aproximada de $1,0 \times 10^{-3}$ g Hg/L.

Com a solução-mãe pronta:

a) Tomou-se uma alíquota de 1mL e dilui-se até 100mL em balão volumétrico para se obter a solução padrão de calibração de $1,0 \times 10^{-5}$ g Hg/L;

b) Tomou-se uma alíquota de 2mL e dilui-se até 100mL em balão volumétrico para se obter a solução padrão de calibração de $2,0 \times 10^{-5}$ g Hg/L;

c) Tomou-se uma alíquota de 4mL e dilui-se até 100mL em balão volumétrico para se obter a solução padrão de calibração de $4,0 \times 10^{-5}$ g Hg/L;

d) Tomou-se uma alíquota de 2,5mL e dilui-se até 100mL em balão volumétrico para se obter a solução padrão de checagem de $2,5 \times 10^{-5}$ g Hg/L.

Em todas as soluções padrões foram adicionadas 2,5 gotas de $KMnO_4$ 3% para estabilização do Hg.

4. RESULTADOS E DISCUSSÃO

4.1. Calibração do espectrômetro

As soluções padrões com concentrações $1,0 \times 10^{-5}$ g Hg/L, $2,0 \times 10^{-5}$ g Hg/L e $4,0 \times 10^{-5}$ g Hg/L, foram utilizadas para a obtenção da curva de calibração para o espectrômetro. Uma das curvas de calibração, absorbância versus concentração de Hg, obtida neste trabalho para o espectrômetro de absorção atômica pode ser vista na Figura 4. Todas as concentrações de Hg nas amostras estudadas foram obtidas a partir destas curvas de calibração, construídas sempre que uma série de análises era iniciada.

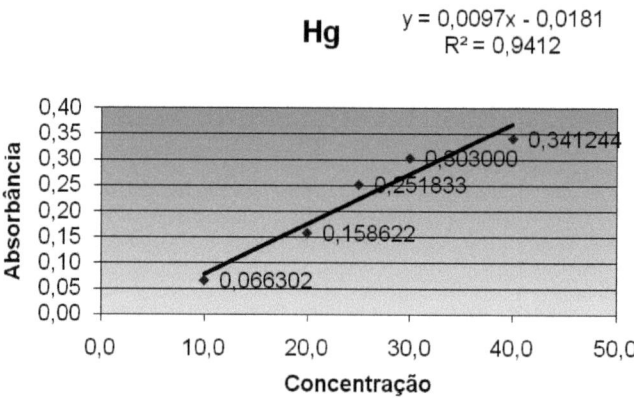

Figura 4: Curva típica de calibração absorbância versus concentração de mercúrio utilizada neste experimento.

4.2. Validação da metodologia

Para que o método adotado fosse validado, utilizamos uma amostra certificada de sedimento da International Atomic Energy Agency (IAEA-405), a qual foi preparada seguindo o mesmo procedimento das amostras analisadas. Neste estudo, obtivemos uma precisão (reprodutibilidade) de 11,7% nas análises realizadas e uma exatidão para o método de 4,5%.

A incerteza final considerada para os resultados experimentais foi apenas o desvio padrão da média das análises em triplicatas. Quando não foi possível a obtenção deste valor médio, por dificuldades de análises, adotou-se como incerteza da medida a reprodutibilidade total do método.

4.3. Valores de concentração de mercúrio nos compartimentos avaliados

Na Tabela 1 são apresentados os resultados obtidos das concentrações médias de Hg para as amostras coletadas em cada um dos compartimentos estudados neste trabalho.

Mesmo sem a realização de uma avaliação das características geológicas dos locais amostrados, discutiremos a partir dos resultados obtidos neste trabalho, quais os indicativos para a elevação da concentração de mercúrio em alguns dos locais estudados, devido às atividades antropogênicas (atividades humanas) e/ou geogênicas (causas naturais).

De acordo com Luiz-Silva, W. et al (2002), o Rio Cubatão é a principal entrada de mercúrio no estuário de Santos, rio este que recebe efluentes de quase todo o setor industrial da cidade de Cubatão. É interessante, portanto, uma atenção especial para os níveis de mercúrio não só neste rio, como também em todos aqueles que passam pela região estuarina de Santos e São Vicente, pois são estes que geograficamente possuem maior contato com as atividades industriais.

Dos quinze pontos amostrados de água na região do estuário de Santos – São Vicente foi observado sete deles com níveis de concentração de mercúrio acima dos valores máximos estabelecidos pelo CONAMA. Desta forma, 53% das amostras de águas parecem não estar tão comprometidas em relação ao nível de contaminação por mercúrio. Se levarmos em consideração os limites recomendados pela USEPA ou MS

31

apenas os rios da Onça, Diana e Cubatão (P8) estão atingindo os limites máximos estabelecidos, dentro das incertezas experimentais. Na Tabela 1, no caso das águas, os valores indicados com ** são aqueles que estão acima do limite máximo estabelecido pelo MS, enquanto aqueles com * são os valores que ultrapassam o limite recomendado pelo CONAMA, dentro das incertezas experimentais.

Com base nas localidades dos rios que apresentaram concentrações de mercúrio mais altas, pode-se notar que, com exceção do Rio Diana, os demais se localizam na região mais próxima do parque industrial de Cubatão e, portanto, é um indicativo de contribuição das atividades antropogênicas no acúmulo de mercúrio nestas águas.

A Figura 5 permite visualizar de forma mais clara a relação dos pontos onde as concentrações de mercúrio estão mais elevadas e as atividades antropogênicas, seja pela presença de indústrias, ou mesmo pela densidade demográfica elevada em bairros que acompanham o leito de alguns rios.

Figura 5: Foto de satélite com ilustração das amostras de águas, solos e sedimentos que apresentaram concentração de mercúrio acima dos limites tolerados (Triângulo = sedimento; Círculo = água; Quadrado = solo).

Os níveis mais altos de concentração de mercúrio nas águas de alguns rios podem estar associados a operações de refino de metais, ao lixo doméstico e industrial e, principalmente, às indústrias de cloro-álcali existentes na região. Sabe-se que locais que concentram rejeitos associados à atividade industrial e ao descarte de lixo apresentam maiores teores de mercúrio, enquanto as descargas difusas geralmente estão associadas à queima de combustíveis contendo mercúrio como impureza, (AZEVEDO, F.A., 2003).

Os solos podem ser um bom indicativo de atividade geoquímica natural nos locais estudados. Como o mercúrio da crosta terrestre é principalmente liberado a partir de processos geológicos, então a presença em quantidades apreciáveis deste metal no solo pode ser uma possível identificação desta fonte de contaminação. O que se observa pela Tabela 1 é que este compartimento foi o que apresentou relativamente os menores níveis de mercúrio, ou seja, poucos locais atingiram o limite TEC dentro das incertezas experimentais.

Devido às concentrações de mercúrio encontradas nos solos, podemos supor que esta informação sofre uma influência maior da atividade humana e de produção, do que dos processos geológicos naturais nesta região.

Os níveis encontrados nas medições de mercúrio em sedimentos foram os que se apresentaram mais elevados quando comparados com os limites TEC e PEC estabelecidos internacionalmente, como mostra a Tabela 1. Os valores de concentrações médias identificadas com ** são aqueles acima dos limites máximos toleráveis PEC. E aqueles classificados com * são para valores intermediários de concentração, ou seja, abaixo do limite máximo PEC, mas ainda acima do limite TEC classificado com algum risco de exposição. Seguindo esta legenda, apenas duas amostras de sedimentos foram identificadas como áreas com baixas concentrações de mercúrio.

Tabela 1

Concentração média de mercúrio em amostras de água, solos e sedimentos coletadas entre junho e dezembro de 2007 na região estuarina de Santos – São Vicente.

Locais das amostras	Hg em águas (µg/L)	Hg em solos (mg/Kg)	Hg em sedimentos (mg/Kg)
Rio da Onça	1,28 ± 0,34 **	0,100 ± 0,013	0,450 ± 0,086 *
Rio Diana	0,93 ± 0,32 **	0,0500 ± 0,0066	0,92 ± 0,15 **
P8 (Rio Cubatão)	0,83 ± 0,23 **		
E17 (Rio Cubatão)	0,67 ± 0,18 *		
Rio Laranjeiras	0,68 ± 0,15 *	0,0500 ± 0,0066	0,0500 ± 0,0066
Rio Mogi	0,33 ± 0,083 *	0,218 ± 0,019 *	3,33 ± 0,26 **
ETA (Rio Cubatão)	0,250 ± 0,067 *		
Rio Piaçabuçu	0,122 ± 0,025		0,356 ± 0,076 *
Rio Santo Amaro	0,105 ± 0,028	0,093 ± 0,015	0,415 ± 0,060 *
Barragem (Rio Cubatão)	0,083 ± 0,017		
PN (Rio Cubatão)	0,083 ± 0,018		
Rio Branco	0,050 ± 0,017		0,183 ± 0,029 *
Rio Quilombo	0,050 ± 0,013	0,100 ± 0,013	0,416 ± 0,029 *
Rio Casqueiro	0,037 ± 0,010	0,100 ± 0,013	0,550 ± 0,071 *
Rio Jurubatuba	0,0333 ± 0,0083	0,0499 ± 0,0066	1,175 ± 0,208 **
GL 1 (Rio Branco)		0,090 ± 0,011	
GL 2 (Rio Branco)		0,154 ± 0,016	

(continua...)

(continua...)

GL 4 (Rio Branco)		0,3890 ± 0,0081 *	
CNPQ 06 (Rio Cubatão x Rio Perequê)		0,172 ± 0,023 *	
CNPQ 03 (Vicente de Carvalho – Rua Mato Grosso)		0,136 ± 0,023	
CNPQ 05 (Rio Cubatão – Carbocloro)		0,132 ± 0,011	
CNPQ Samaritá 02 (Rio Piaçabuçu)		0,191 ± 0,023 *	
Rio Perequê			0,097 ± 0,012
Rio Cubatão			0,712 ± 0,096 *
VALORES MÁXIMOS	1,2 (USEPA) 1,0 (MS)	1,06 (PEC)	1,06 (PEC)
VALORES MÁXIMOS	0,2 (CONAMA)	0,18 (TEC)	0,18 (TEC)

Um esclarecimento que pode ser feito nesta discussão é o fato de se poder identificar de maneira razoavelmente clara o nível baixo de contaminação em que se encontram os locais de amostragens de solos.   Os que apresentaram maior concentração de mercúrio são dois pontos cujos valores não ultrapassaram o limite PEC.

Além disso, são áreas de grande atividade industrial ou que, historicamente, foram bairros construídos sobre aterros industriais provenientes da região de Cubatão, o que pode justificar o grau de contaminação local.

Através da imagem de satélite (Figura 5) podemos destacar que as amostras do Rio da Onça, Rio Diana, Rio Quilombo e Rio Jurubatuba foram coletadas em locais onde a densidade demográfica local não se mostra relevante, contribuindo para a sugestão de que a fonte de contaminação de mercúrio seja o parque industrial de Cubatão.

Um fato a ser discutido também nesta oportunidade são os resultados divulgados para amostras de solos próximas ao Rio Cascalho e Canal da COSIPA por Oliveira, M.L.J. et al (2007). De acordo com estes autores estas áreas parecem estar contaminadas por mercúrio, alcançando um máximo de 5,65 mg/Kg próximo ao Rio Cascalho. Por se tratar de uma região próxima daquela estudada neste trabalho e estarem geograficamente localizados na deságua dos rios presentes na mesma, supõe-se que pode estar havendo um acúmulo localizado de mercúrio nesta região, entretanto, este fato não foi confirmado neste trabalho.

De acordo com a literatura, atualmente as concentrações máximas de mercúrio não parecem estar aumentando, embora, elas ainda se encontram em níveis considerados danosos para a biota na maior parte do estuário de Santos e São Vicente. Esta foi a conclusão de Hortellani, M.A. et al (2008) após observarem em um total de 41 amostras de sedimentos, 10 que estavam acima do valor TEL e 3 acima do valor PEL.

Se confrontarmos os resultados encontrados neste trabalho para as amostras de água e sedimentos com aqueles dos solos, podemos concluir que a contaminação presente na região estuarina de Santos e São Vicente são do tipo antropogênica, sugerindo um acúmulo pelos efluentes. Isso porque nas análises de solos, os valores encontrados não se mostraram tão elevados como nos outros dois compartimentos.

No trabalho realizado por Luiz-Silva, W. et al (2002) não se pôde afirmar ou refutar se os níveis de mercúrio encontrados nos sedimentos do Estuário de Santos e São Vicente foram resultantes de introduções antropogênicas recentes. A presença deste metal pode estar associada à re-suspensão do acumulado até uma profundidade de amostragem em torno de 3,0 cm, que poderia incorporar material antigo contaminado. Entretanto, os dados divulgados por estes autores revelam que os sedimentos superficiais deste estuário constituem, por si só, uma fonte potencial de poluição de mercúrio.

4.4. Comparação dos resultados com outros autores

Nas tabelas 2, 3 e 4 são apresentadas comparações entre os resultados obtidos neste trabalho paras as amostras de águas, solos e sedimentos respectivamente, com outras informações divulgadas na literatura, a fim de facilitar a visualização do nível de contaminação por mercúrio nos compartimentos investigados e em diferentes localidades.

De acordo com a Tabela 2, podemos verificar que as amostras de águas analisadas neste trabalho possuem concentrações de mercúrio em razoável acordo, dentro das incertezas experimentais, com aqueles divulgados por outros trabalhos para amostras coletadas em diferentes regiões do país e do exterior. Entretanto, é de se destacar os valores mais elevados encontrados para as águas dos Rios da Onça, Diana e Cubatão (Tabela 1) quando comparados com rios em igualdade de poluição das outras regiões.

Este fato leva a sugerir que o descarte de resíduos por efluentes das indústrias não está sendo feito de forma correta nesta região, pois tomando como base o trabalho de Wade, T.L. et al (2008), mesmo com um crescimento demográfico acentuado, dificilmente as atividades antropogênicas normais levariam a níveis de mercúrio tão altos.

Tabela 2

Comparação do intervalo de valores obtidos neste trabalho para a concentração de mercúrio em amostras de águas com outros resultados divulgados na literatura.

LOCAL DA AMOSTRAGEM	INTERVALO DE CONCENTRAÇÃO (μg/L)	REFERÊNCIA
Estuário de Santos – São Vicente	0,033 – 1,28	ESTE TRABALHO
Guiou, China	0,0061 – 5,86	YAN, H. et al, 2008
Mina de ouro de La Rinconada, Peru	0,77	GAMMONS, C.H. et al, 2006
Região garimpeira de Vizeu, PA, Brasil	média de 0,62	VIEIRA, J.F.L.; PASSARELLI, M.M., 1996
Rio Ramis, Peru (distante da mina de La Rinconada)	0,259 - 0,375	GAMMONS, C.H. et al, 2006
Lago Kodai, Índia	média de 0,257	KARUNASAGAR, D. et al, 2006
Lagos, Ontário, Canadá	0,0076 – 0,0197	HE, T. et al, 2007
Diversos Rios, SP, Brasil	0,0055 – 0,0243	TOMAZELLI, A.C., 2003
Estuário de Santos – São Vicente	< 0,1	CETESB, 2001

Segundo Kennish (1997), citado no relatório da CETESB "Sistema Estuarino de Santos e São Vicente" de 2001, águas de estuários contaminados por mercúrio podem alcançar níveis de concentração da ordem de 0,07 a 0,09 µg/L, e de acordo com esta avaliação, os níveis de mercúrio encontrados neste estudo caracterizaria uma região altamente contaminada. Entretanto, esta conclusão não é corroborada pelos limites máximos estabelecidos pelos órgãos oficiais.

Algumas ponderações podem ser feitas a partir desta tabela para reflexão da condição ambiental na região estuarina de Santos e São Vicente:

1. Um estudo de 2001 da CETESB na mesma região apresenta índices menores do que 0,1µg/L, porém como não temos a ciência dos locais amostrados para a elaboração do relatório deste órgão, devemos considerar que os resultados não são, na sua essência, contraditórios, mas que podem se conjugar para a caracterização da contaminação ambiental por mercúrio nesta localização;

2. Considerando que a água é o compartimento ambiental com menor condição de acúmulo ou deposição de concentração de mercúrio, leva-nos a imaginar que as concentrações obtidas nas análises destas amostras é proveniente de uma contaminação recente pela ação antropogênica e/ou industrial;

3. As concentrações de mercúrio encontradas neste trabalho são maiores do que aquelas encontradas em regiões de garimpo (La Rinconada – Peru; Vizeu/PA – Brasil), em que o emprego de mercúrio é corriqueiro na complexação do ouro para sua extração e isolamento.

Como pode ser visto na Tabela 3, o intervalo de valores de teores de mercúrio obtidos neste trabalho para amostras de solos da área em estudo está também em bom acordo com os resultados divulgados na literatura para solos de outras regiões.

Pesquisa realizada nas Guianas Francesas, em solos com características diferenciadas, para entender as diferenças dos níveis de concentração de mercúrio em variações laterais e verticais, Grimaldi, C. et al (2008) identificaram uma maior concentração de mercúrio em solos próximos a superfície, chegando a 0,8mg/kg, o que facilita a correlação positiva com a fonte de mercúrio atmosférico, já que o local de pesquisa era distante de áreas contaminadas.

Seguindo os mesmos achados descritos acima, os níveis de mercúrio encontrados neste trabalho para as amostras de solos provavelmente são oriundos de nossa atmosfera.

Tabela 3

Comparação entre valores obtidos neste trabalho para os teores de mercúrio em amostras de solos com outros resultados divulgados na literatura.

LOCAL DA AMOSTRAGEM	INTERVALO DE CONCENTRAÇÃO (mg/kg)	REFERÊNCIA
Estuário de Santos – São Vicente, Brasil	0,0499 – 0,389	ESTE TRABALHO
Rio Cascalho, canal COSIPA, Brasil	0,17 – 5,65	OLIVEIRA, M.L.J. et al, 2007
Diversos Países	0,43 - 1,8	RODRIGUES, S. et al, 2006a
Quadrilátero Ferrífero, MG, Brasil	1,1	WINDMÖLLER et al, 2007

(continua...)

(continua...)

Guiana Francesa (avaliação vertical)	0,3 – 0,8	GRIMALDI, C. et al, 2008
Ilha do Cardoso, Cananéia, Brasil	0,05 – 0,56	OLIVEIRA, M.L.J. et al, 2007
Suíça	0,046 – 0,553	ERNST, G. et al, 2008
Bacia Rio Negro, Amazonas, Brasil	0,079 – 0,326	OLIVEIRA, L.C. et al, 2007
Guiana Francesa (avaliação lateral)	0,03 – 0,3	GRIMALDI, C. et al, 2008
Beijing City, China	média de 0,278	XINMIN, Z. et al, 2006
Carolina do Sul, EUA	0 – 0,16	AELION, C.M. et al, 2008
Aveiro, Portugal	0,058 - 0,091	RODRIGUES, S. et al, 2006b

Os teores de mercúrio determinados em algumas camadas dos solos do manguezal do rio Cascalho (5,65 mg/kg - 3,5 cm) e canal da COSIPA (1,64 mg/kg - 50 cm) por Oliveira, M.L.J. et al (2007), foram particularmente altas. Porém, excluindo-se estas duas amostragens, o valor médio observado por estes autores para o mercúrio total em solos de manguezais da Baixada Santista foi de 0,33 ± 0,20 mg/kg (n = 18), que é muito similar aos encontrados neste trabalho, bem como para solos da Ilha do Cardoso (0,30 ± 0,21 mg/kg, n = 5) e inferior ao Valor de Prevenção da CETESB que é de 0,50 mg Hg/kg para solos.

No estudo de Oliveira, M.L.J. et al (2007), a Ilha do Cardoso foi considerada uma área controle, ou seja, sem a presença de população ou qualquer outra atividade antropogênica, em que toda a concentração de mercúrio seria proveniente da atividade de nossa crosta terrestre.

Como os valores encontrados neste trabalho para o estuário de Santos e São Vicente indicam uma concentração menor do que a obtida por esta área controle, podemos supor que o solo da região está livre de contaminação por mercúrio por atividade antropogênica, já que a concentração encontrada poderia ser considerada normal quando esta medida é comparada com uma área controle.

Entretanto, em quatro locais de amostragens os níveis encontrados ultrapassaram o limite TEC e, portanto, pode ser esperado algum risco de agravo à saúde da população destas áreas. Mas também é de se esperar que os teores altos de mercúrio encontrados nestas áreas tenham sido produzidos por alguma fonte de poluição, mas esta correlação é muito complexa.

Oliveira, L.C. et al (2007) observaram que as concentrações de mercúrio determinadas nas amostras coletadas nos diferentes solos da Bacia do Médio Rio Negro-AM são comparáveis àquelas de solos considerados impactados por atividades de mineração e maiores que os valores médios globais citados na literatura.

Se compararmos os resultados dos achados deste trabalho com os resultados do Rio Negro-AM e suas conclusões, nos deparamos com um fato contraditório, pois quando Oliveira, L.C. et al (2007) afirmam que as concentrações por eles encontradas caracterizam a influência de atividades humanas, entretanto estas mesmas concentrações são menores que aquelas encontradas por Oliveira, M.L.J. et al (2007) em uma região sem atividade antropogênica.

Para nos auxiliar em nossas discussões, podemos empregar os resultados de Xinmin, Z. et al (2006) que encontraram uma concentração média de 0,278 mg/kg em um trabalho realizado em Beijing City – China, país este que ainda utiliza a queima de carvão como forma de geração de energia, em que sabemos que esta forma de energia é fonte de mercúrio para compartimentos ambientais. Esta concentração também é menor do que a Ilha do Cardoso, região controle sem atividade humana.

Sem questionar as análises e amostragens realizadas pelas outras pesquisas, uma continuidade com avaliações epidemiológicas de prejuízos à saúde humana, assim como a rastreabilidade das fontes de contaminação por mercúrio na região estuarina de Santos e São Vicente poderiam ser sugeridas para nos levar a uma conclusão mais sólida sobre a origem deste poluente.

Como pode ser visto na Tabela 4, o intervalo de teores de mercúrio em sedimentos da região estuarina de Santos e São Vicente é compatível com áreas consideradas como poluídas, apesar de apenas 3 dos resultados ultrapassarem o limite PEC.

A avaliação do teor de mercúrio sedimentar talvez seja uma das mais difíceis de realizar, pois é influenciada pelas características de depósitos e rejeitos, bem como com as características de profundidade e composição do solo.

Entretanto, devemos salientar a proximidade dos resultados deste trabalho com os valores máximos encontrados na baía de Minamata. Nesta cidade, localizada na costa ocidental do Japão, mais de 900 pessoas morreram na década de 50 devido a envenenamento por ingestão de peixes contaminados por mercúrio proveniente de rejeitos industriais da Corporação Chisso – produtora de PVC, acetaldeído e fertilizantes.

Tomiyasu, T. et al (2006) encontraram valores de concentração de mercúrio em sedimento em área dragada que tingiam um limite de 3,79 mg/kg, medida esta pouco acima da encontrada por este trabalho. Considerando que a região de Minamata é conhecida pela história de sua contaminação, nos preocupa e nos leva a correlacionar as nossas concentrações de mercúrio com a atividade industrial de nossa região.

Seguindo os limites recomendados pelo Canadian Council of Ministers of the Environment, Bostelmann (2006) observou que em 4 pontos amostrados na região do Rio Grande, área metropolitana de São Paulo, um apresentou valor acima de TEL (0,17 mg Hg/kg) e os demais apresentaram teores acima de PEL (0,49 mg Hg /kg). A explicação dada pelo autor sobre estes altos teores de concentração de mercúrio é, provavelmente, pela proximidade da descarga de efluentes industriais nos rios que deságuam na represa.

Tabela 4

Comparação entre valores obtidos neste trabalho para os teores de mercúrio em amostras de sedimentos com outros resultados divulgados na literatura.

LOCAL DA AMOSTRAGEM	INTERVALO DE CONCENTRAÇÃO (mg/Kg)	REFERÊNCIA
Estuário de Santos – São Vicente	0,050 – 3,33	ESTE TRABALHO
Riacho de Pampa Molino, Peru	232	GAMMONS, C.H. et al, 2006
Represa Billings, SP, Brasil	0,36 – 45	BOSTELMANN, E., 2006
Guizhou, China	0,26 – 38,9	YAN, H. et al, 2008
Baía de Minamata, Japão (área não dragada)	2,00 – 5,28	TOMIYASU, T. et al, 2006
Baía de Minamata (área dragada)	2,05 – 3,79	TOMIYASU, T. et al, 2006
Rios Santos-Cubatão, SP, Brasil	1,04 - 1,73	LUIZ-SILVA, W. et al, 2002
Rios Santos-Cubatão, SP, Brasil	0,92 - 1,19	HORTELLANI, M.A. et al, 2005

(continua...)

(continua...)

Estuário de Santos – São Vicente	Até 0,97	CETESB, 2001
Região Garimpeira de Vizeu, PA, Brasil	média de 0,274	VIEIRA, J.L.F.; PASSARELLI, M.M., 1996
Lago Kodai, Índia	média de 0,239	KARUNASAGAR, D. et al, 2006
Reserva do Rio Grande, SP, Brasil	média de 0,23	FÁVARO, D.I.T. et al, 2007
Rios, SP, Brasil	0,022 – 0,685	TOMAZELLI, A.C., 2003
Lagos, Ontário, Canadá	0,09 – 0,19	HE, T. et al, 2007
Bay, Portland, EUA	0,02 – 0,6	WADE, T.L. et al, 2008

Este compartimento ambiental (sedimento) talvez seja o mais pesquisado para a avaliação de concentração de mercúrio, inclusive na mesma região pesquisada por este trabalho, em que além do relatório da CETESB (2001), temos os trabalhos de Luiz-Silva, W. et al (2002) e Hortellani, M.A. et al (2005), porém todos indicam concentração menor do que a encontrada por esta pesquisa, apesar de seguirem a mesma metodologia analítica.

Os dados analíticos de Vieira, J.L.F. & Passarelli, M.M. (1996) nos levam a realidade de concentração em uma região garimpeira, mas que acabam por ter um valor ainda menor do que a região do estuário de Santos e São Vicente. Este fato só nos leva a suspeitar de que a contaminação sedimentar desta região seja produto da atividade industrial.

Segundo Celere, M.S. et al (2007), a quantidade de matéria orgânica presente em uma amostra faz com que a matriz se torne mais ácida, reduzindo a atenuação dos metais. A presença de matéria orgânica para algumas amostras dos diferentes compartimentos estudados neste trabalho foi identificada durante a digestão ácida.

Algumas delas apresentaram odor característico e espuma abundante com a elevação de temperatura, e uma atenção especial foi desprendida nestes casos para não haver perda de amostra durante a digestão ácida a quente. Estas matérias orgânicas muitas vezes são provenientes de esgotos não tratados ou excesso de lixo nos locais amostrados, comprovando assim atividades antropogênicas.

Portanto, as diferentes ações do homem podem alterar os resultados de uma região, já que os rejeitos industriais com a presença de resíduos de mercúrio podem ser mascarados pelo esgoto e demais lixos orgânicos produzidos pela população e dispensados de forma não apropriada.

Outro fator que merece destaque neste estudo é a amostragem sazonal que foi realizada em período de estiagem. De acordo com Guentzel, J.L. et al (2007), apesar de obter resultados abaixo dos limites recomendados pelos órgãos internacionais em estudo de águas e sedimentos em Veracruz, no México, conseguiu uma correlação suave, mas significante entre a concentração total de mercúrio e a porcentagem de carbono nas amostragens feitas em meses de seca, sugerindo que o mercúrio estaria associado com matéria orgânica em fase sólida.

Isso contraria a indicação de se realizar as amostragens em períodos de estiagem, pois a concentração de mercúrio poderia estar sendo mascarada pelo excesso de matéria orgânica da amostra, apesar da maioria dos autores defenderem que a amostragem em período de chuvas poderia levar a uma diluição do mercúrio nos compartimentos ambientais, diminuindo os valores encontrados nas análises.

Hortellani, M.A. et al (2008), em análise sazonal na mesma região estudada deste trabalho, identificaram um aumento significativo de cerca de 30% para as concentrações de mercúrio num período de 6 meses, entre setembro de 1999 e março de 2000, o qual foi associado ao período de maior aumento da população flutuante na região que possui características turísticas.

Neste mesmo estudo, com variações de 12 meses (entre março de 1999 e março de 2000), o aumento foi de 41% na concentração de mercúrio, ficando evidente nesses resultados a importância de análises sazonais bem definidas.

CONCLUSÃO

Os intervalos obtidos para os teores de mercúrio em amostras de solos, sedimentos e águas da região estuarina de Santos e São Vicente estão de acordo com os valores encontrados por outros autores para amostras em condições ambientais similares ao deste trabalho levando em consideração as incertezas experimentais.

Classificando os intervalos de concentração de mercúrio através dos valores limites recomendados na literatura para o PEC e TEC (respectivamente 1,06 mg/Kg e 0,18 mg/Kg) para solos e sedimentos, além dos limites estabelecidos pelo MS e CONAMA (respectivamente 1,0 µg/L e 0,2 µg/L) para águas, verifica-se que em um total de 42 amostras analisadas neste trabalho, apenas 6 destas estiveram acima dos valores máximos recomendados e 15 amostras com valores intermediários, ou seja, entre os limites tolerados pelos órgãos oficiais.

Isto indica que em 50% das áreas amostradas no estuário de Santos e São Vicente, existe algum tipo de risco à saúde da população local pela contaminação por mercúrio.

Estes valores poderiam ser ainda maiores caso o desenho desta metodologia fosse ampliado para uma análise sazonal, fora do período de estiagem e durante a temporada de férias na região, que tem por característica a migração elevada de turista para as praias.

Verifica-se a necessidade de uma fiscalização mais efetiva a políticas de resíduos e rejeitos industriais, sendo recomendável o monitoramento contínuo dessas áreas, visando garantir que os níveis de contaminação não ultrapassem os limites seguros para a biota.

Análises de amostras de águas, sedimentos e peixes do Lago Kodai, na reserva turística de Kodaikkanal, na Índia, mostraram elevados níveis de mercúrio até mesmo depois de 4 anos da interrupção da emissão deste metal por uma fábrica de termômetros que funcionou por 18 anos no local, (KARUNASAGAR, D. et al, 2006).

Este fato caracteriza a deposição e perpetuação do mercúrio no ambiente durante anos, justificando assim a sua monitoração contínua, principalmente, em áreas relativamente contaminadas como é o caso dos estuários de Santos e São Vicente, em que mesmo que atualmente o parque industrial siga as normas de rejeitos de seus resíduos, um dano ambiental já pode ter sido provocado por ações passadas.

REFERÊNCIAS BIBLIOGRÁFICAS

AELION, C.M. et al. *Metal concentrations in rural topsoil in South Carolina: potential for human health impact.* **Science of the total environment,** 402, p.149-156, 2008.

AZEVEDO, F.A. **Toxicologia do mercúrio.** São Carlos: RiMa, 2003. São Paulo: InterTox, 2003.

BALOGH, S.J. et al. *Characteristics of mercury speciation in Minnesota rivers and streams.* **Environmental Pollution,** 154, p.3-11, 2008.

BOSTELMANN, E. **Avaliação da concentração de metais em amostras de sedimentos do reservatório Billings, braço Rio Grande, São Paulo, Brasil.** 2006. 130f. Dissertação (mestrado em Tecnologia Nuclear – Aplicações) – Instituto de Pesquisas Energéticas Nucleares, autarquia associada à Universidade de São Paulo, São Paulo, 2006.

CANTO, E.L. **Minerais, minérios, metais: de onde vêm? para onde vão?.** 2ª ed. reform. – São Paulo: Moderna, 2004.

CARMO, D.A. **Vida e morte nos rios.** Disponível em http://www.ambientebrasil.com.br/composer.php3?base=./agua/doce/index.html&conteudo=./agua/vidaemorte.html *Fonte: Revista Eco 21, ano XII, No 74, janeiro/2003.* Acesso em 21/04/2009.

CASARETT AND DOULL'S. **Toxicology: the basic science of poison.** Editores, AMDUR, M.O. et al. 4ª ed. Pergamon press. 1991.

CELERE, M.S.et al. *Metais presentes no chorume coletado no aterro sanitário de Ribeirão Preto, São Paulo, Brasil, e sua relevância para saúde pública.* **Cadernos de Saúde Pública,** v.23, n.4, p.939-947, abr. 2007.

CETESB. Companhia de Tecnologia de Saneamento Ambiental. **Programa de Controle de Poluição – Sistema Estuarino de Santos e São Vicente.** Ago./2001.

CETESB. Companhia de Tecnologia de Saneamento Ambiental. **DECISÃO DE DIRETORIA Nº 195-2005- E, de 23 de novembro de 2005.** Disponível em: http://www.cetesb.sp.gov.br/Solo/relatorios/tabela_valores_2005.pdf Acesso em 19/04/2009.

CETESB. Companhia de Tecnologia de Saneamento Ambiental. **Variáveis de qualidade da água.** Disponível em http://www.cetesb.sp.gov.br/Agua/rios/variaveis.asp#mercurio Acesso em 19/04/2009.

CETESB. Companhia de Tecnologia de Saneamento Ambiental. **IPMCA. Índice de parâmetros mínimos para a preservação da vida aquática.** Disponível em http://www.cetesb.sp.gov.br/Agua/rios/indice_iva_ipmca.asp Acesso em 19/04/2009.
CIENFUEGOS, F. **Análise instrumental.** Rio de Janeiro: Interciência, 2000.

CONAMA. Conselho Nacional do Meio Ambiente. **RESOLUÇÃO Nº 396 03/04/08.** Disponível em: http://www.cetesb.sp.gov.br/Solo/agua_sub/arquivos/res39608.pdf Acesso em 31/03/2009.

CONAMA. Conselho Nacional do Meio Ambiente. **RESOLUÇÃO Nº 357 17/03/05.** Disponível em: http://www.mma.gov.br/port/conama/res/res05/res35705.pdf Acesso em 31/03/2009.

CONAMA. Conselho Nacional do Meio Ambiente. **RESOLUÇÃO Nº 20 18/06/1986.** Disponível em: http://www.mma.gov.br/port/conama/res/res86/res2086.html Acesso em 19/04/2009.

CUBATÃO 2020 – A cidade que queremos: Agenda 21 / Realização: Centro de Integração e Desenvolvimento Empresarial da Baixada Santista. Cubatão: CIESP, 2006.

CUNHA, A.B. **Apresentação.** In: FERRI, M.G. **Ecologia e poluição.** São Paulo: Editora da Universidade de São Paulo, 1976.

ERNST, G. et al. *Mercury, cadmium and lead concentrations in different ecophysiological groups of earthworms in forest soils.* **Environmental Pollution,** xxx, p.1–10, 2008.

FÁVARO, D.I.T. et al. *Chemical characterization and recent sedimentation rates in sediment cores from Rio Grande reservoir, SP, Brazil.* **Journal of Radioanalytical and Nuclear Chemistry,** v.273, n.2, p.451–463, 2007.

FENG, X.; QIU, G.. *Mercury pollution in Guizhou, Southwestern China — an overview.* **Science of the total environment,** XXX, XXX-XXX, 2008.

FERRI, M.G. **Ecologia e poluição.** São Paulo: Editora da Universidade de São Paulo, 1976.

GAMMONS, C.H. et al. *Mercury concentrations of fish, river water, and sediment in the Rio Ramis-Lake Titicaca watershed, Peru.* **Science of the Total Environment** 368, p.637– 648, 2006.

GEORGE, B.M.; BATZER, D.. *Spatial and temporal variations of mercury levels in Okefenokee invertebrates: Southeast Georgia.* **Environmental Pollution,** 152, p.484-490, 2008.

GRIGOLETTO, J.C. et al. *Exposição ocupacional por uso de mercúrio em odontologia: uma revisão bibliográfica.* **Ciência & Saúde Coletiva,** v.13, n.2, p.533-542, mar./abr. 2008.

GRIMALDI, C. et al. *Mercury distribution in tropical soil profiles related to origin of mercury and soil processes.* **Science of the total environment,** 401, p.121-129, 2008.
GUENTZEL, J.L. et al. *Mercury transport and bioaccumulation in riverbank communities of the Alvarado Lagoon System, Veracruz State, Mexico.* **Science of the Total Environment,** 388, p.316–324, 2007.

HE, T. et al. *Horizontal and vertical variability of mercury species in pore water and sediments in small lakes in Ontario.* **Science of the Total Environment,** 386, p.53–64, 2007.

HORTELLANI, M.A. et al. *Avaliação da contaminação por elementos metálicos dos sedimentos do Estuário Santos - São Vicente.* **Química. Nova,** v.31, n.1, p.10-19, 2008.

HORTELLANI, M.A. et al. *Evaluation of mercury contamination in sediments from Santos - São Vicente Estuarine System, São Paulo State, Brazil.* **Journal of the Brazilian Chemical Society,** v.16, n.6, p.1140-49, nov./dez. 2005.

KAREDEDE, H.; ÜNLÜ, E.. *Concentrations of some heavy metals in water, sediment and fish species from the Ataturk Dam Lake (Euphrates), Turkey.* **Chemosphere,** n.41, 2000.

KARUNASAGAR, D. et al. *Studies of mercury pollution in a lake due to a thermometer factory situated in a tourist resort: Kodaikkanal, India.* **Environmental Pollution**, 143, p.153-158, 2006.

LACERDA, L.D. et al. *Emissão de mercúrio para a atmosfera pela queima de gás natural no Brasil.* **Química Nova**, v.30, n.2, p.366-369, 2007.

LARSSEN, T. et al. *Mercury budget of a small forested boreal catchment in southeast Norway.* **Science of the total environment**, 4004, p.290-296, 2008.

LUIZ-SILVA, W. et al. *Geoquímica e índice de geoacumulação de mercúrio em sedimentos de superfície do estuário de Santos - Cubatão (SP).* **Química Nova**, v.25, n.5, p.753-756, 2002.

LUIZ-SILVA, W. et al. *Variabilidade espacial e sazonal da concentração de elementos-traço em sedimentos do sistema estuarino de Santos-Cubatão (SP).* **Química Nova**, v.29, n.2, p.256-263, mar./abr. 2006.

MACDONALD, D.D. et al. *Development and Evaluation of Consensus-Based Sediment Quality Guidelines for Freshwater Ecosystems.* **Archieves of Environmental Contamination and Toxicology**, v. 39, p.20-31, 2000.

NASCIMENTO, E.S.; CHASIN, A.A.M.. **Ecotoxicologia do mercúrio e seus compostos.** Salvador: CRA, 2001.

MINISTÉRIO DA SAÚDE. **Portaria nº 1469 de 29/12/2000**. Disponível em www.projergonet.com.br/arquivos/estrutura/00pf1469-.pdf Acesso em 02/05/2009.

ODUM, E.P. **Ecologia.** São Paulo: Livraria Pioneira Editora, 1975.
ODUM, E.P. **Fundamentos de ecologia.** Lisboa: Fundação Calouste Gulbenkian, 2004.

OLIVEIRA, L.C. et al. *Distribuição de mercúrio em diferentes solos da bacia do médio Rio Negro-AM: Influência da matéria orgânica no ciclo biogeoquímico do mercúrio.* **Química Nova**, v.30, n.2, p.274-280, 2007.

OLIVEIRA, M.L.J. et al. *Mercúrio total em solos de manguezais da Baixada Santista e ilha do Cardoso, Estado de São Paulo.* **Química Nova**, v.30, n.3, p.519-524, 2007.

OLIVEIRA, M.L.J. **Comportamento geoquímico do mercúrio (Hg) em solos de manguezais do Estado de São Paulo.** 2005. 72f. Dissertação (mestrado em Agronomia) – Escola Superior de Agricultura "Luiz de Queiroz", Universidade de São Paulo, Piracicaba, 2005.

PAULSON, A.J.; NORTON, D.. *Mercury Sedimentation in Lakes in Western Whatcom County, Washington, USA and its Relation to Local Industrial and Municipal Atmospheric Sources.* **Water, Air and Soil Pollution,** 189, p.5–19, 2008.

PAVESI, T. **Avaliação de indicadores biológicos de exposição para As, Be, Cd, Hg, Ni e Pb em trabalhadores de incineradores de resíduos de serviço de saúde.** 2006. 208f. Dissertação (mestrado em Química) – Instituto de Química, Universidade de São Paulo, São Paulo, 2006.

PEPLOW, D; AUGUSTINE, S.. *Community-directed risk assessment of mercury exposure from gold mining in Suriname.* **Revista Panamericana Salud Publica,** v.22, n.3, p.202-210, 2007.

QUEVAUVILLER et al. **Quality assurance for environmental analysis.** Amsterdam: Elsevier, 1995.

RODRIGUES, S. et al. *Mercury in urban soils: A comparison of local spatial variability in six European cities.* **Science of the Total Environment,** 368, p.926–936, 2006a.

RODRIGUES, S. et al. *Spatial distribution of total Hg in urban soils from an Atlantic coastal city (Aveiro, Portugal).* **Science of the Total Environment,** 368, p.40– 46, 2006b.

ROTHENBERG, S.E. et al. *Mercury cycling in surface water, pore water and sediments of Mugu Lagoon, CA, USA.* **Environmental Pollution,** 154, p.32-45, 2008.

SANTOS, E.O. et al. *Correlação de teores de mercúrio no sangue entre mulheres e recém-nascidos do Município de Itaituba, Pará, Brasil.* **Cadernos de Saúde Pública,** n.23, Sup.4, p.S622-S629, 2007.

SKOOG, et al. **Fundamentos da Química Analítica.** São Paulo: Thomson Learning, 2007.

TOMAZELLI, A.C. **Estudo comparativo das concentrações de cádmio, chumbo e mercúrio em seis bacias hidrográficas do estado de São Paulo.** 2003. 144f. Tese (Doutorado em Ciências – Biologia Comparada) – FFCLRP – Departamento de Biologia, Universidade de São Paulo, Ribeirão Preto, 2003.

TOMIYASU, T. et al. *Spatial variations of mercury in sediment of Minamata Bay, Japan.* **Science of the Total Environment,** 368, p.283– 290, 2006.

[USDHHS] U.S. DEPARTMENT OF HEALTH AND HUMAN SERVICES - Public Health Service, Agency for Toxic Substances and Disease Registry. **Toxicological profile for mercury.** 1999. Disponível em http://www.atsdr.cdc.gov/tfacts46.html Acesso em 01/05/2009.

USEPA. United States Environmental Protection Agency. **Ambient Water Quality Criteria for Mercury – 1984.** Disponível em http://www.epa.gov/ost/pc/ambientwqc/mercury1984.pdf Acesso em 01/05/2009.

VIEIRA, J.L.F.; PASSARELLI, M.M.. *Determinação de mercúrio total em amostras de água, sedimento e sólidos em suspensão de corpos aquáticos por espectrofotometria de absorção atômica com gerador de vapor a frio.* **Revista de Saúde Pública,** v.30, n.3, p.256-260, 1996.

VIRGA, R.H.P. et al. *Avaliação de contaminação por metais pesados em amostras de siris azuis.* **Ciência e Tecnologia de Alimentos,** v.27, n.4, p.779-785, out./dez. 2007.

VOGEL. **Análise química quantitativa.** Rio de Janeiro: LTC Editora, 6 ed., 2002.

WADE, T.L. et al. *Assessment of sediment contamination in Casco Bay, Maine, USA.* **Environmental Pollution,** 152, p.505-521, 2008.

WASSERMAN, J.C. et al. *Mercury in soils and sediments from gold mining liabilities in Southern Amazonia.* **Química Nova,** v.30, n.4, p.768-773, 2007.

WINDMÖLLER, et al. *Distribuição e especiação de mercúrio em sedimentos de áreas de garimpo de ouro do quadrilátero ferrífero (MG).* **Química Nova,** v.30, n.5, p.1088-1094, 2007.

XINMIN, Z. et al. *Mercury in the topsoil and dust of Beijing City.* **Science of the Total Environment,** 368, p.713–722, 2006.

YAN, H. et al. *The variations of mercury in sediment profiles from a historically mercury-contaminated reservoir, Guizhou province, China.* **Science of the total environment** XX, XXX-XXX, 2008.